U0565596

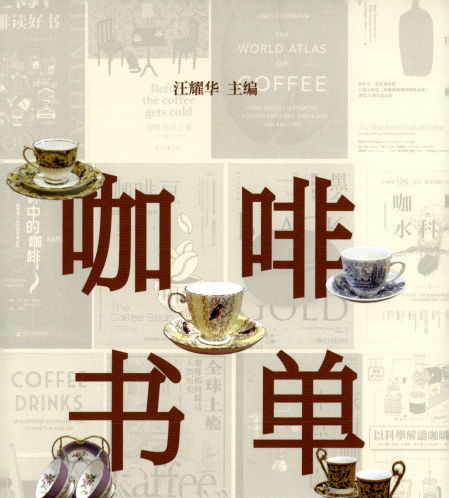
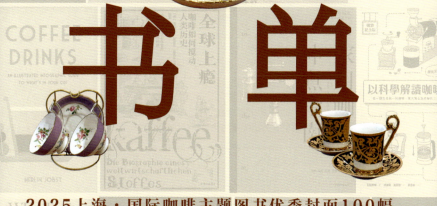

图书在版编目（CIP）数据

咖啡书单：2025上海·国际咖啡主题图书优秀封面
100幅 / 汪耀华主编． --上海：上海三联书店，2025.6
--ISBN 978-7-5426-8931-3

I. TS881

中国国家版本馆CIP数据核字第2025Q0G208号

咖啡书单：2025上海·国际咖啡主题图书优秀封面100幅

主　　编 / 汪耀华

责任编辑 / 殷亚平
装帧设计 / 王　蓓
监　　制 / 姚　军
责任校对 / 王凌霄

出版发行 / 上海三联书店
　　　　（200041）中国上海市静安区威海路755号30楼
邮　　箱 / sdxsanlian@sina.com
联系电话 / 编辑部：021-22895517
　　　　　发行部：021-22895559
印　　刷 / 上海雅昌艺术印刷有限公司
版　　次 / 2025年6月第1版
印　　次 / 2025年6月第1次印刷
开　　本 / 787mm×1092mm　1 / 32
字　　数 / 140千字
印　　张 / 7.125
书　　号 / ISBN 978-7-5426-8931-3 / TS·73
定　　价 / 98.00元

敬启读者，如发现本书有印刷质量问题，请与印刷厂联系021-68798999

2025·上海国际咖啡主题图书暨100幅优秀封面大展赏析

文 / 汪耀华　刘智慧

2025年4月29日—5月31日，2025上海国际咖啡文化节举行。上海市书刊发行行业协会、上海联合书业会展有限公司以"传播咖啡文化，扩大影响力，增加营收"为目标，携90家品牌实体书店通过一系列活动延续展示从读一本好书、喝一杯咖啡开始的生活新场景，体现一杯咖啡的温暖新空间，从喝咖啡变成品咖啡的城市新文化。

作为本年度的重点活动，2025·上海国际咖啡主题图书暨100幅优秀封面大展集结近年出版的咖啡主题图书350个品种（简体中文版122种，港台版158种，海外版70种），向人们充分展示咖啡以及咖啡延伸、咖啡文化的魅力。

现在，让我们分别从简体中文版、港台版、海外版三个层面进行赏析。

简体中文版图书122种，以113种一般图书为数据样本分析（9种教材未列入）。从出版单位分析，排名第一的是中信出版社，有11种；位居第二的是中国轻工业出版社，有10种；位居第三的是江苏凤凰科学技术出版社，有9种；排名第四的是机械工业出版社，有8种；并列第五的是华中科技大学出版社和辽宁科学技术出版社，分别有4种。从出版地域看，来源以北京地区出版的图书为主。排名靠前的六家出版社有三家来自北京。

上海有八家出版社出版咖啡主题图书，包括上海交通大学出版社、上海三联书店、上海社会科学院出版社、上海人民出版社、上海文化出版社、上海译文出版社、上海大学出版社、学林出版社，合计贡献了10种。

相对于图书市场上其他省市出版的咖啡主题图书，上海出版的地域特色明显：如《上海咖啡：历史与风景》以第一手资料阐述了1920年代至1940年代上海咖啡文化的多样性与包容性；《近代上海咖啡地图》选录了1895年至1949年间有关咖啡馆的资料；《好书店　好咖啡》收录了上海45家实体书店咖啡文化的故事；《咖香书香在上海》记载了上海75家实体书店共同参与2022年上海咖啡文化周活动的盛况以及上海市书刊发行行业协会发布的《上海主要实体书店咖啡经营调研报告（2021年）》和《上海市出版物发行行业咖啡服务标准（2022年）》；最新出版的《在上海，品咖啡读好书》记录了上海80家品牌实体书店参与2023年上海咖啡文化周和2024上海国际咖啡文化节的活动成果。这些具有突出的地域特色和时间阶段的图书，体现了上海这座具有全球咖啡馆数量最多的城市的咖啡文化魅力（《2024年连锁咖啡门店发展蓝皮书》披露：截至2024年底，上海以4336家咖啡品牌门店位居榜首，北京、深圳次之。2025年4月30日在2025上海国际咖啡文化节开幕式上发布的《2025中国城市咖啡发展报告》显示，2024年中国咖啡产业规模达3133亿元，较前一年增长率达18.1%，人均年饮用量提升至22.24杯。2024年，上海地区咖啡门店总数达9115家，继续领跑，成为全球咖啡馆最多的城市。

113种图书的作者中，中国作者编著的图书有45种，占比近40%；版权引进的图书中，来自日本、美国的作者居多，分别占19%、18%；其他还有来自英国、法国、澳大利亚、韩国等国家的翻译图书。

113种图书可分为五个类别：生活休闲、社科、科技、文艺、少儿。占比情况：生活休闲类占比71%、社科类占比21%、文艺类占比4%、科技类占比3%、少儿类占比1%。

按内容细分，可分为10类：

1. 咖啡基础知识类：如《咖啡星人指南》《咖啡必修课》《给小朋友的咖啡书》等，以通俗易懂的语言和有趣的形式介绍咖啡的基本知识，咖啡豆的种类、产地、种植、采摘、处理等知识，适合初学者快速了解咖啡。

2. 咖啡知识进阶类：如《你不是咖啡小白》《咖啡变冷之前》《好咖啡没有秘密》等，深入讲解咖啡的产区、烘焙、冲煮等知识，帮助爱好者进一步提升对咖啡的认知。

3. 咖啡制作技能、技巧类：如《咖啡烘焙师手册》《手工咖啡》《咖啡新规则》等，系统地介绍咖啡的烘焙、冲煮方法、品鉴萃取原理、拉花技巧、器具使用等专业知识和技能，是咖啡从业者学习和参考的重要书籍。

4. 咖啡品鉴类：《这才是醇正浓缩咖啡》《如何品尝一杯咖啡》《寻味咖啡》，教授如何品鉴咖啡的风味、香气、口感等，如咖啡的分级、杯测方法、风味轮的使用、咖啡的感官评价等，详细解读了味觉、嗅觉与触觉方面的知识，有助于读者深入了解咖啡的品质和风味特点，学会如何品鉴咖啡。

5. 咖啡衍生品类：如《咖啡馆招牌饮品》《咖啡馆沙拉101》《零基础学做咖啡、奶茶和西点》《咖啡馆超人气轻食简餐248款》等，介绍咖啡馆里围绕咖啡加以创新的饮品以及咖啡与饮食搭配、咖啡与休闲娱乐等。

6. 咖啡与旅行类：如《好书店　好咖啡》《行走在伦敦的咖啡馆》《一杯一世界：世界著名咖啡店之旅》《环球咖啡之旅》等，介绍世界各地的特色咖啡馆和咖啡之旅。

7. 咖啡馆设计、标准类：如《世界各地的咖啡馆空间设计》《漫食光：茶饮店与咖啡店品牌设计》，介绍咖啡行业标准，从"空间"角度探讨如何打造充满个性的咖啡馆，为读者揭示设计的无限可能性。

8. 咖啡行业经营类：如《开家中式咖啡馆》《咖啡馆创业实战》《全球咖啡经济》等，为咖啡店经营者提供开店选址、装修、运营、管理等方面的经验和建议，提供咖啡行业的市场数据、消费趋势、行业分析等内容，为研究者提供参考依据。

9. 咖啡历史文化类：如《咖啡帝国：一部崭新的资本主义全球史》《左手咖啡，右手世界：一部咖啡的商业史》《咖啡圣经》《咖啡全书》等，讲述咖啡的历史起源、发展演变以及在不同文化中的地位和影响，以学术研究的角度深入探讨咖啡的经济、文化、社会等方面的影响。

10. 咖啡故事类：《不上班咖啡馆》《伤心咖啡馆之歌》《黑咖啡》《故事咖啡馆》，讲述发生在咖啡馆的故事。

本次大展示的港台版咖啡主题图书有158种，来自当地作者撰写的有66种，占比42%左右，境外作者58%，和简体中文版图书类似，版权引进图书中，也是以日本、美国作者居多。

按出版单位排序，前五名的是：瑞升文化事业股份有限公司21种、方言文化出版事业有限公司14种、积木文化股份有限公司12种、邦联文化事业有限公司9种、四块玉文创有限公司6种。

从内容上看，与简体中文版类似，涵盖了从咖啡豆基本识别到萃取、冲泡、拉花、品鉴等一系列咖啡知识，还包括咖啡在各国的历史文化、咖啡店经营、咖啡与艺术设计等多方面内容。

发现一些有"血缘关系"的书，应该都是版权交易的成果。如《第四波精品咖啡学》，港台版来自写乐文化有限公司，简体版来自中信出版社；《大师级手冲咖啡学》港台版来自采实文化事业股份有限公司，简体版来自中国轻工业出版社；《伤心咖啡馆之歌》港台版来自时报文化出版企业股份有限公司，简体版由中信出版社、上海译文出版社、上海三联书店、湖南文化出版社多家出版社出版；《寻味咖啡》港台版来自漫游者文化事业股份有限公司，简体版来自江苏凤凰科学技术出版社；以及华中科技大学出版社的《东京咖啡店的历史与味道：在40座古建筑里喝咖啡》和健行文化出版事业有限公司的《东京古民宅咖啡：踏上时光之旅的40家咖啡馆》等。

海外版咖啡图书有70种入展，分别来自英国、美国、法国、德国、澳大利亚、爱尔兰、捷克、日本等国家的50多家出版社(包括TEACH YOURSELF BOOKS、Moon Books Publishing、Ryland Peters & Small and CICO、宝岛社、Dorling Kindersley Limited等出版社）。从语种分类：英文46种、日文19种、德文5种。从出版国家分：英国34种、日本19种、美国7种，捷克、澳大利亚和爱尔兰等国家1—5种不等。

由着这些书，自然也少不了"血缘关系"的从属版本，如《手工咖啡》简体版来自中信出版社，港台版《精萃咖啡》来自积木文化，海外版《Craft Coffee》来自Agate Surrey；《世界咖啡地图》港台版来自积木文化，简体版来自中信出版社，海外版《*The World Atlas Of Coffee*》来自Mitchell Beazley；《咖啡新规则》简体版来自中信出版社，海外版《*The New Rules Of Coffee*》来自Ten Speed Press；《DK咖啡百科》简体版来自科学普及出版社，海外版《*THE COFFEE BOOK: BARISTA TIPS·RECIPES·BEANS FROM AROUND THE WORLD*》来自DK；《咖啡字典A-Z》港台版来自积木文化，海外版《The *Coffee Dictionary: An A-Z of coffee, from growing & roasting to brewing & tasting*》来自Mitchell Beazley。

咖啡主题图书的多版本，体现了咖啡文化在世界范围的受欢迎程度，也是版权交易的一种成果体现。

从整个图书市场来研判咖啡主题图书的特质或与众不同，大致可有下列三点：

1. 装帧设计讲究：咖啡主题图书在装帧设计上相对较为精美，注重书籍的整体视觉效果和阅读体验。通常会采用高质量的纸张、精美的印刷工艺和独特的装帧形式，使书籍在外观上更具吸引力。

2. 图文融合并茂：为了更好地展示咖啡的制作过程、咖啡器具的使用方法以及咖啡文化的丰富内涵，咖啡主题图书通常会采用大量的图片和图表辅助说明。这些图片和图表不仅具有较高的艺术价值，而且能够直观地帮助读者理解和掌握相关知识。

3. 语言风格多样：咖啡主题图书的语言风格较为多样，既有专业严谨的学术语言，也有通俗易懂的大众表白。面向专业人士的书籍会使用较为专业的术语和语言，以确保知识的准确性和权威性；而一些面向普通读者的书籍则会采用更加通俗易懂的语言，配合生动有趣的漫画、卡通案例和故事，使读者能够轻松地阅读和理解。这种多样化的语言风格能够满足不同读者群体的需求，扩大咖啡主题图书的受众范围。

随着喝咖啡成为时尚，咖啡店深入街区，咖啡主题图书近年在上海实体书店的展陈品种和销售总量都呈水涨船高之势。而且，随着书店+咖啡的普及和图书品种的更新加快，也使销售容易见效。据悉，购买这类图书的大多数为随机消费，而且对于中文简繁体版本的价格差异不敏感。虽然内地出版的版本在图文效果和用材方面也不逊于港台版，但人们似乎更偏向于购买港台版本。坐落在淮海中路上的上海香港三联书店常年保持着150个港台版品种的陈列，采取勤添的方式使销量不断，上海外文书店海外版咖啡主题图书的品种，也不差于纽约、伦敦的大型书店。350种中外版本咖啡主题图书汇集大展，也是全球书业从未有过的盛事，也从一个侧面反映了纸质出版的繁荣，成为一个有销售潜力的品类。

4月15日，上海市书刊发行行业协会举行2025上海国际咖啡主题图书优秀封面评选会，邀请中国出版协会装帧艺术委员会副主任、著名书籍设计师陈楠；上海市出版协会书籍设计艺术委员会主任张天志；上海辞书出版社美术编辑室主任、上海市出版协会书籍设计艺术委员会主任姜明；编审，上海美术家协会儿童美术艺委会主任赵晓音；上海教育出版社美编陆弦对现场展示的350种图书的封面进行评选，根据得票数评出100幅优秀封面。五位设计师在投票后还应邀写下了评审意见。

陈楠：创意设计核心在于跳出传统框架，将创新思维与实践主题结合，在细节中打磨匠心，保持好奇心，从自然、生活中汲取养分。每一次创作都是设计师自我对话的过程。简约不简单、克制中见张力，让读者感知温度与思考，最终实现功能与美感的平衡。这次的咖啡图书封面，大多做到了以主题为导向，突破思维定式，以精彩为主调。

我从以下三方面，说说我个人对本次评选的观点。

一、色彩：色彩在封面设计中尤为重要，既能直观也是表达情感的入口。这些封面基本应用咖啡的本色，妥当贴切。《50 Spanish Coffee Breaks: Short activities to improve your Spanish one cup at a time》让人产生咖啡时光带来的松弛感。《全球上瘾：咖啡如何搅动人类历史》的色彩又让人产生"咖啡式"的兴奋，《ぼくのコーヒー地図》

让人有立刻品尝咖啡之美妙的功效……

二、构成：构成在封面设计中的重要性不可小觑，能更好地产生视觉冲击也能更完美地体现艺术性。平稳大气是本次大部分作品的主调。《精品咖啡学·总论篇》《咖啡专业知识全书：咖啡豆产地、烘焙、冲煮、菜单设计与店家经营深度分析》《THE ART OF ARABIC COFFEE》的构成或满或空，让人更有想象的空间，使人产生咖啡带来的悠远之气，设计者综合核心观点，剔除重复描述，侧重相关性，突出主题。

三、体验感：舒适、便捷、美观直观的设计，可以提升读者的满意度，增加读者与作品的黏性，在这一点上这次的评选作品90%以上都做得很好。

作为一名资深的书籍设计师，我很荣幸参加了这次评选活动。通过这次评选活动，让我看到了很多优秀的设计作品，从中感受了艺术设计带给我心灵的冲击和快感，也使我对咖啡文化产生了浓厚的兴趣。相信这样的评选会越办越精彩，让更多喜欢咖啡文化和书籍设计的人参与，从而成为行业高品质的艺术活动之一！

张天志：由上海市书刊发行行业协会主办的咖啡主题图书优秀封面评选集中展现了咖啡文化与时尚设计的多元碰撞。

评选立足上海国际化大都市的时尚消费背景，通过书籍设计这一载体，探索咖啡文化在视觉艺术中的创新表达。这些封面普遍呈现出与时尚文化的深度结合，设计师们从多维角度诠释咖啡主题，既有传统美学的延续，也不乏先锋实验性的尝试。

评选不仅为咖啡主题图书的视觉设计树立了标杆，更推动了设计行业与时尚消费产业的跨界对话。未来，期待这一平台持续激发创作灵感，助力中国文化设计的国际化表达。

姜明：咖啡主题图书封面展是2025上海国际咖啡文化节的重要组成部分。在现场评选350种国内外咖啡类图书封面时，深切感受到咖啡文化与现代生活方式的融合，也体会到不同国家与地区在咖啡图书设计语言上的多样性和文化差异。

欧洲咖啡类图书的封面设计注重视觉美感与艺术性，却又巧妙地"去设计化"。由于咖啡已深度融入日常生活，这类图书往往弱化主观表现，追求直白、简约、充满内在力量的构图。例如《The World Atlas Of Coffee》以一颗咖啡豆为核心视觉元素，配合简洁有力的字体组合，准确传达主题。

日韩及中国港台地区的咖啡图书封面设计则更强调视觉叙事与秩序感。在设计风格上更为细腻柔和，通过图像与文字的疏密关系，构建温和却富有节奏的视觉语言。如《咖啡生豆的采购科学》《誰でも简单! 世界一の4:6メソッドでハマる美味しいコーヒー》等，均体现出这一设计思路。

相比之下，内地咖啡图书在设计上更倾向于视觉创新与情绪表达。由于咖啡在本土语境中仍是一种时尚生活方式的象征，图书封面更强调冲击力与表达力，色彩浓烈、构图饱满，并注重材料的"触感"与印刷工艺的精致呈现。如《伤心咖啡馆之歌》以强烈色彩传达情绪氛围，《开家中式咖啡馆》则通过手绘风格融合轻阅读与生活美学。

咖啡虽是一杯饮品，却承载着不同文化的审美理念与生活方式。正是这种多样性与包容性，使咖啡文化在图书设计中展现出丰富而迷人的视觉语言。

赵晓音： 举办咖啡主题图书封面评选可以让更多咖啡爱好者了解咖啡文化，以此增添更多上海这座国际大都市独有的人文色彩和书香气息。参评作品涉及咖啡文化的各方面：从咖啡的起源、种类研磨等知识的普及，到专业性更强的职人手冲技术，乃至和咖啡相关的小说散文等各类别共350种图书，要设计出风格不同有创意又要符合咖啡文化这一主题的书籍并不容易。在选出的100件优秀作品中，有视觉设计和图书内容妥帖契合，使读者一目了然快速了解图书内容；也有强调创意为先具较高辨识度的先锋性设计。有些突出咖啡文化特有的松弛感和惬意感，也有着重表现与咖啡有关的内在质感和文艺气质。

相信这些散发独特气息的封面能为此次上海国际咖啡文化节增添一抹亮色，多一份咖啡的香气，也让爱喝咖啡的人们更多一份对纸质图书的关注和热爱。

夕阳余晖里，在上海街角的咖啡店一手一杯香醇的咖啡，一手一本好书，是多么美的画面也是多么美好的一件事啊！

陆弦： 作为一座国际化大都市，上海一直以开放、包容的态度吸纳来自全世界的生活方式和文化。其中咖啡文化在这座城市有着悠久的历史，并充满了极具本地特色的独特魅力。

本次上海国际咖啡文化节从350种来自世界各国的咖啡主题图书中评选出100本封面设计优秀的图书，作为一种咖啡文化符号同期举办展览。本次评选呈现的图书，既有关于咖啡的历史、咖啡的制作、咖啡的品鉴等等百科知识，也有关于诸如各地的咖啡馆、咖啡相关小说等主题，可谓囊括了咖啡文化的方方面面。评选出的图书封面创意独特、形式新颖，无论从图形、布局、色彩、材料工艺各方面都高度契合文本内容，体现了很高的设计水准，让读者爱不释手，为书籍增添了很高的附加值。

从这些书籍及其设计中，不仅能感受到咖啡文化的无穷魅力，同时也能发现不同的地区和文化对于咖啡这种国际通行的饮品所具有的独特的理解方式。既不尽相同又相互交融的文化理念，反映在图书的封面设计上，呈现出丰富多彩的表现形式，这也极大地提升了本次展览的观赏性，并且不失为一次很好的各种咖啡文化之间的碰撞和交流。

　　感谢李爽、胡国强、彭卫国、忻愈、曾原、吕津、黄韬、顾斌、路培庆、徐漾、殷亚平、黄波、沈骁等予以本次评选活动的指导。感谢上海香港三联书店有限公司、上海外文图书有限公司等共同协力，承办本次展览。

目　录

2025·
上海国际咖啡主题
图书暨100幅
优秀封面大展赏析

汪耀华　刘智慧　1-14

咖啡书单：
2025·上海国际
咖啡主题图书暨
100幅优秀封面

001-100

咖 书
啡 单

Coffee Book List

《大坊咖啡店手记》

[日] 大坊胜次 著　童桢清 译

新星出版社　2023年11月出版

定价：68.00元

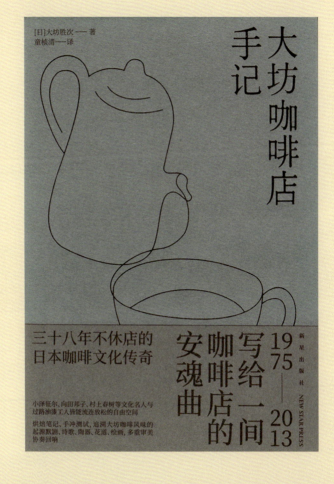

优
秀
封
面

001

《咖啡》

[英] 乔纳森·莫里斯 著　赵芳 译

北京联合出版公司　2023年10月出版

定价：69.00元

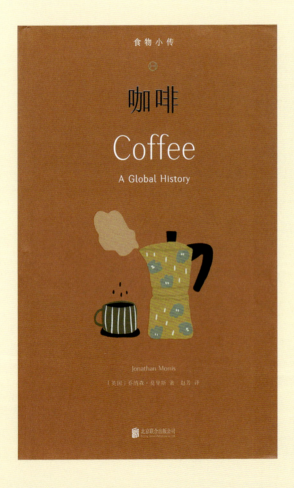

《咖啡之道》

[日] 大坊胜次 [日] 森光宗男 著 童桢清 译

新星出版社 2023年1月出版

定价：78.00元

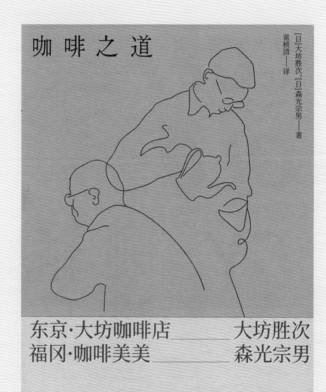

《精品咖啡学　总论篇》

韩怀宗 著

浙江人民出版社　2022年5月出版

定价：89.00元

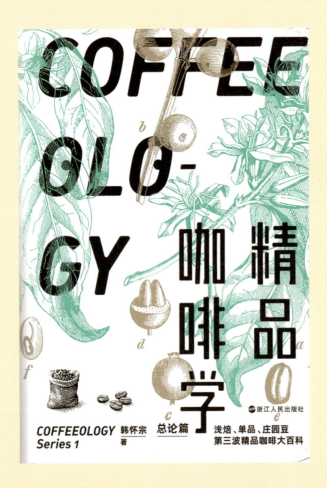

《蓝瓶咖啡解密：从烘豆、萃取到品饮,引领全球第三波咖啡风潮的明星品牌》（开业22周年纪念版）

詹姆斯·费曼　凯特琳·费曼　泰拉·达根 著　刘佳沄 译

方言文化　2024年1月出版

定价：新台币680元

《咖啡冠军的手冲咖啡学》

井崎英典 著　林俞萱 译

邦联文化　2022年3月出版

定价：新台币450元　港币141元

《咖啡瘾史：从衣索匹亚到欧洲，从药物、祭品
到日常饮品，揭开八百年的咖啡文明史》

[美]史都华·李·艾伦 著　简瑞宏 译

时报出版　2021年10月出版

定价：新台币380元

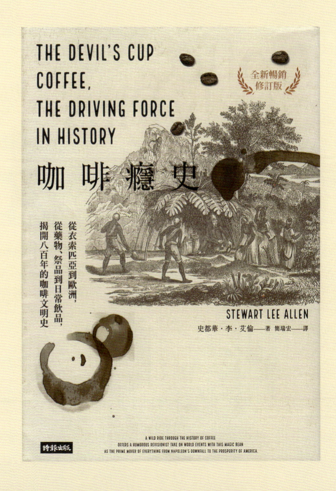

《咖啡专业知识全书：咖啡豆产地、烘焙、冲煮、菜单设计与店家经营深度分析》

崔致熏　元景首　金世轩　金志训　IBLINE编辑部　著

陈圣薇　叶雨纯　陈青萍　译

华云数位　2018年1月出版　　定价：新台币1200元　港币400元

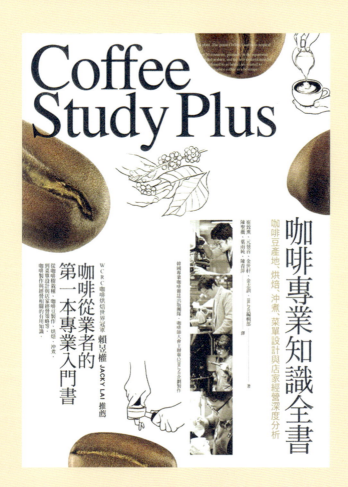

《GABEE.学：咖啡大师林东源的串连点思考，从台湾咖啡冠军到百年品牌经营，用咖啡魂连接全世界》

林东源 著

麦浩斯　2016年3月出版

定价：新台币360元　港币120元

林東源

台灣咖啡大師

著

GABEE.學

咖啡大師林東源的串連點思考，從台灣咖啡冠軍到百年品牌經營，
用咖啡魂連接全世界

很多人心裡都有個『咖啡館』夢，但你知道嗎？
經營『咖啡館』不只浪漫的事！
饜足企首、望眼欲穿、等待10年
台灣咖啡大師-林東源咖啡經營哲學

其將凝聚20年的咖啡經驗
傳授他所奉行的經營本質與開店生存之道，
寫給想要開業或是正在經營的咖啡夥伴們，
也寫給對生活懷抱夢想的人。

《THE ART OF ARABIC COFFEE》

Medina Ilyas 著

Medina Publishing Ltd　2023年出版

定价：£16 $20 AED 65

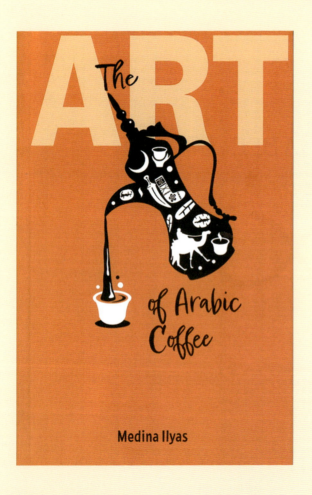

优
秀
封
面

010

《在上海，品咖啡读好书》

汪耀华 主编

上海三联书店 2025年5月出版

定价：88.00元

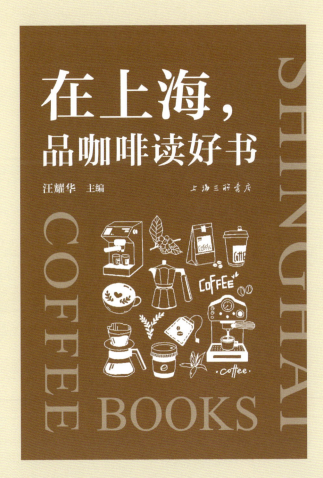

《咖啡变冷之前》

[日] 川口俊和 著　丁世佳 译

北京日报出版社　2025年3月出版

定价：55.00元

《咖啡小百科》

[日] 芜木祐介 著　姚玉子 译

中信出版集团　2025年3月出版

定价：68.00元

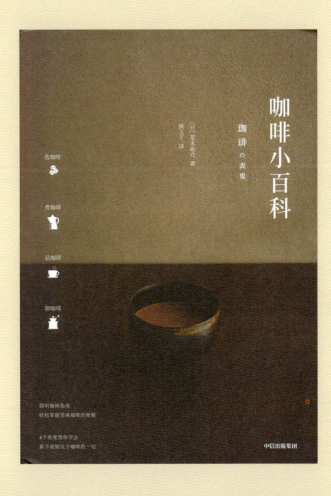

《杯中的咖啡：一种浸透人类社会的嗜好品》

[德] 马丁·克里格 著　汤博达 译

社会科学文献出版社　2022年12月出版

定价：88.00元

《黑金：咖啡秘史》

[英] 安东尼·怀尔德 著　赵轶峰 译

北京大学出版社　2022年5月出版

定价：68.00元

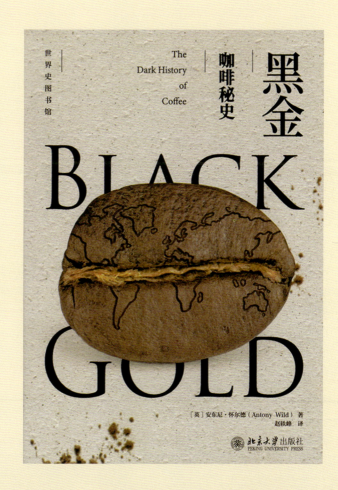

《咖啡豆：战胜困境，改变世界》

[美] 乔恩·戈登　[美] 达蒙·韦斯特 著　赵菁 译

中国广播影视出版社　2021年8月出版

定价：49.00元

《你不懂咖啡》

[日]石胁智广 著　从研喆 译

江苏凤凰文艺出版社　2021年8月出版

定价：52.00元

《好的咖啡》

[日] 井崎英典 著　苏航 译

北京联合出版公司　2021年6月出版

定价：68.00元

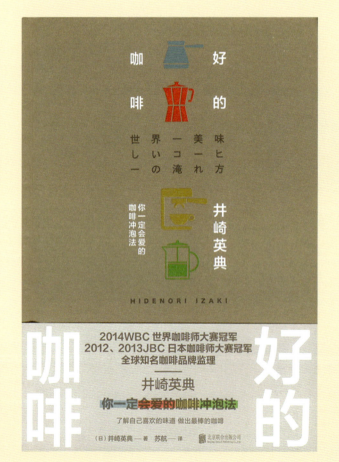

书
咖 单
啡

Coffee Book List

《就想开家小小的咖啡馆》

王诗钰 著

广东经济出版社　2021年5月出版

定价：72.00元

《全球上瘾：咖啡如何搅动人类历史》

[德]海因里希·爱德华·雅各布 著　陈琴 俞珊珊 译

国文出版社　2025年2月出版

定价：68.00元

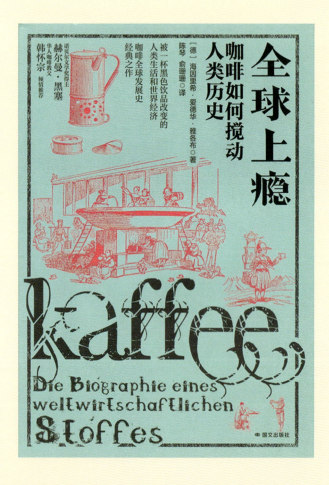

《咖啡小学堂宝典：
第一本为新手而生的咖啡漫画秘笈》

粕谷哲 著　山田KORO 绘　叶廷昭 译

大块文化　2024年8月出版

定价：新台币420元

《伤心咖啡馆之歌》

卡森·麦卡勒斯 著　小二 译

时报出版　2018年4月出版

定价：新台币350元

《纸上咖啡馆旅行：
用手绘平面图剖析80间街角咖啡馆的迷人魅力》

林家瑜 著 / 摄影 / 绘

幸福文化 2019年9月出版

定价：新台币480元

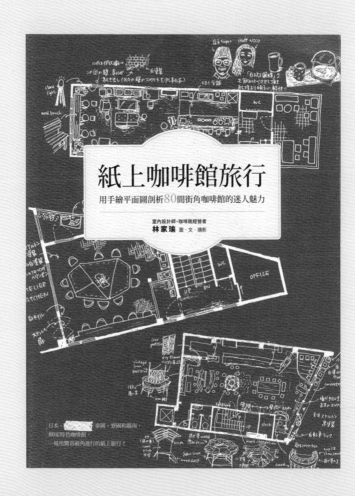

《从东京到京都
珈琲物语：与40家咖啡馆的一期一会》

陈彧馨 著

时报出版　2023年3月出版

定价：新台币430元

《冠军咖啡师 手冲咖啡哲学》

[日]井崎英典 著 龚亭芬 译
瑞升文化 2022年11月出版
定价：新台币450元

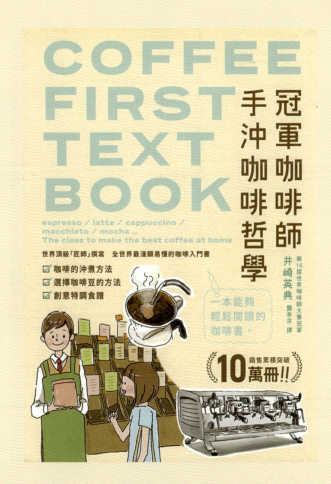

丸山珈琲 铃木 树 监修　林俞萱 译

邦联文化　2022年7月出版

定价：新台币450元　港币141元

《咖啡学堂：从豆子到杯子，
精选101个你必须知道的咖啡知识》

王稚雅 编著　蔡豫宁 绘

晨星出版　2022年5月出版

定价：新台币450元

《疗心咖啡馆：吴若权陪你杯测人生风味》

吴若权 著

远流　**2019年3月出版**

定价：新台币420元

《冲啊！咖啡狂》

贺丁丁 著 叶金碧 绘 金文君 编

台湾东贩　2021年4月出版

定价：新台币420元

《以科学解读咖啡的秘密：探究美味的原理！从一颗生豆
到一杯咖啡，东大博士为你解析87个关于咖啡的常见疑问》

石脇智广 著　林谨琼　黄薇嫔 译
积木文化　2020年8月出版
定价：新台币380元　港币127元

《咖啡自家烘焙全书》（畅销修订版）

肯尼斯·戴维兹 著　谢博戎 译

积木文化　2019年6月出版

定价：新台币450元　港币150元

《咖啡科学教室1：咖啡的科学》

崔斯坦·史蒂文森 等 著

方言文化　2019年3月出版

定价：新台币1950元（全套四册）

《咖啡的水科学：萃取原理、水质检测与参数调整，全面揭露咖啡风味之谜》

鱼希至 著　谢雅玉 译

方言文化　2018年5月出版

定价：新台币460元　港币153元

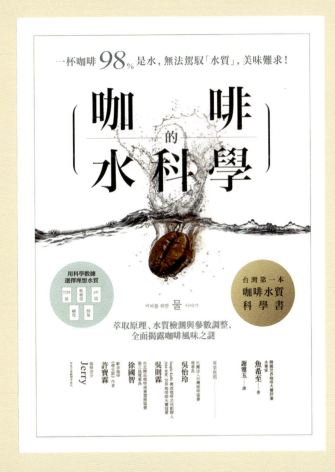

《无法想象生活没有咖啡》

佐拉 著

时报出版　2017年3月出版

定价：新台币320元

《酒×食圣经：食物与酒、咖啡、茶、矿泉水的
完美搭配，73位权威主厨与侍酒师的顶尖意见》

凯伦·佩吉　安德鲁·唐纳柏格 著　黄致洁 译

大家出版　2012年8月出版

定价：新台币600元

《HOME IS WHERE THE GOOD COFFEE IS》

集合众多作者

Bee Three Publishing 2024年出版

定价: $9.99 US $13.99 CAN £6.99

《Casa BRUTUS 特別編集カフェとベーカリー》

西尾洋一 編集

マガジンハウス　2024年4月出版

定价：1700円

《COFFEE DRINKS: AN ILLUSTRATED INFOGRAPHIC GUIDE TO WHAT'S IN YOUR CUP》

Merlin Jobst 著

Dog 'N Bon 'e Books 2022年出版

定价：£8.99 UK $12.99 US

《THE COFFEE BOOK: BARISTA TIPS · RECIPES · BEANS FROM AROUND THE WORLD》

Anette Moldvaer 著

Dorling Kindersley Limited　2021年出版

定价: £22

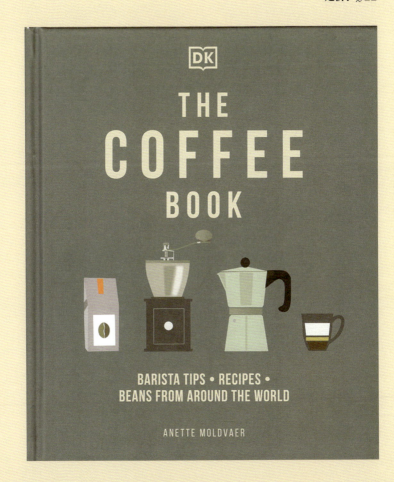

《THE WORLD ATLAS OF COFFEE:
FROM BEANS TO BREWING–COFFEES
EXPLORED, EXPLAINED AND ENJOYED》

James Hoffmann 著
Mitchell Beazley　2018年出版
定价：£26

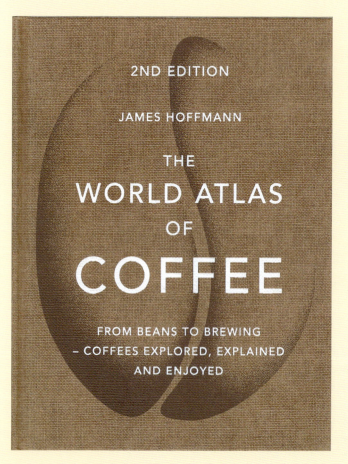

2ND EDITION

JAMES HOFFMANN

THE
WORLD ATLAS
OF
COFFEE

FROM BEANS TO BREWING
– COFFEES EXPLORED, EXPLAINED
AND ENJOYED

《家用咖啡冲煮指南》

[英]詹姆斯·霍夫曼 著　黄俊豪 李蔚 邹熙 译

中信出版社　2024年5月出版

定价：108.00元

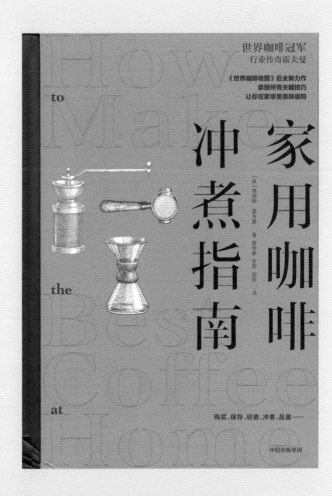

《开家中式咖啡馆》

刘厚军 著

中国轻工业出版社　2023年10月出版

定价：78.00元

FOLLOW MY WAY
A CAFÉ IN CHINA

开家
中式咖啡馆

独立咖啡馆的经营之道

刘厚军
————

著

中国轻工业出版社　全国百佳图书出版单位

《专业咖啡师手册2：
意式浓缩、咖啡和茶的专业制作指导》

[美]斯科特·拉奥 著　周唯 译
重庆大学出版社　2023年9月出版
定价：88.00元

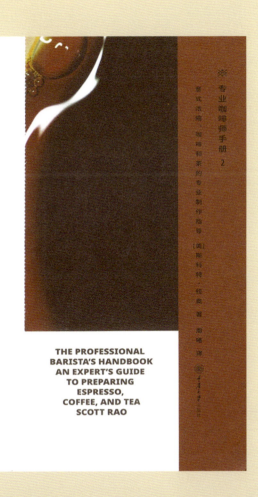

《从咖啡到珈琲 日本咖啡文化史》

[美]梅里·艾萨克斯·怀特 著 陈静 译

上海社会科学院出版社 2023年4月出版

定价：78.00元

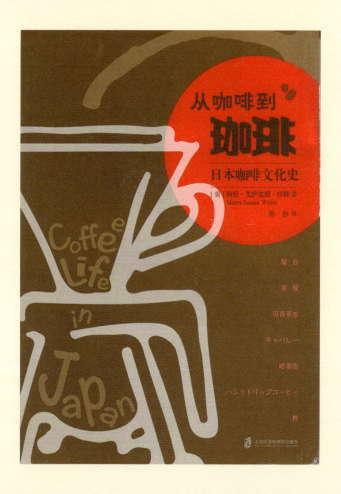

《莫莉和猫咖啡馆》

[英]梅利莎·戴利 著 王紫薇 译

百花洲文艺出版社 2023年2月出版

定价：49.80元

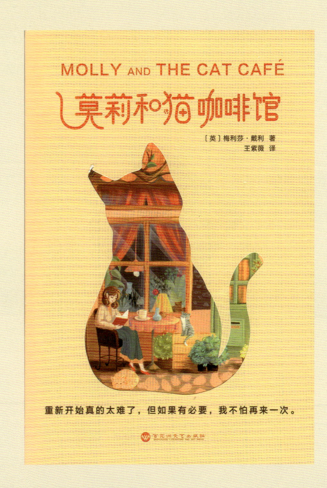

《全球咖啡经济（1500—1989）非洲、亚洲和拉丁美洲》

[英] 威廉·杰维斯·克拉伦斯-史密斯　　[美] 史蒂文·托皮克 著

益智 译　上海财经大学出版社

2023年1月出版　　定价：158.00元

全球咖啡经济 (1500－1989)

非洲、亚洲和拉丁美洲

The Global Coffee Economy
in Africa, Asia,
and Latin America, 1500-1989

William Gervase Clarence-Smith/Steven Topik

[英] 威廉·杰维斯·克拉伦斯－史密斯
[美] 史蒂文·托皮克 编
益 智 译

上海财经大学出版社　CAMBRIDGE

《小空间设计系列.III.咖啡店》

陈兰 编

辽宁科学技术出版社　2022年9月出版

定价：98.00元

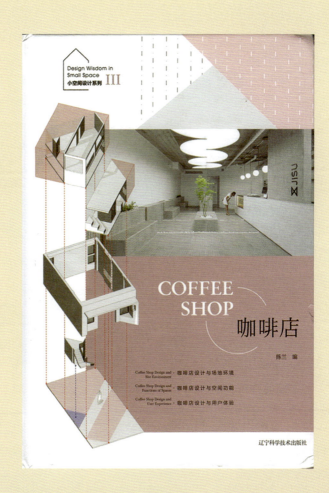

《咖啡帝国：一部崭新的资本主义全球史》

[美] 奥古斯丁·塞奇威克 著　阳曦 译

浙江教育出版社　2022年5月出版

定价：88.00元

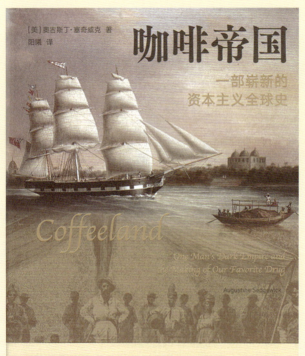

《咖啡师的冲煮秘籍》

[澳] 米奇·福克纳 著　杨莉莉　张丽云 译

江苏凤凰科学技术出版社　2022年1月出版

定价：58.00元

《慢咖啡：两代烘焙师的咖啡笔记》

［比］马尔蒂内· 奈丝特尔斯

［比］马里昂莱· 菲尔梅尔斯 著　林霄霄 译

江苏凤凰科学技术出版社　2021年12月出版

定价：68.00元

《超简单！在家冲煮好咖啡》

[日]富田佐奈荣 著　张雯 译

江苏凤凰科学技术出版社　2021年10月出版

定价：58.00元

《逆光之城：纽约·咖啡》

刘博 著

上海文化出版社　2021年1月出版

定价：138.00元

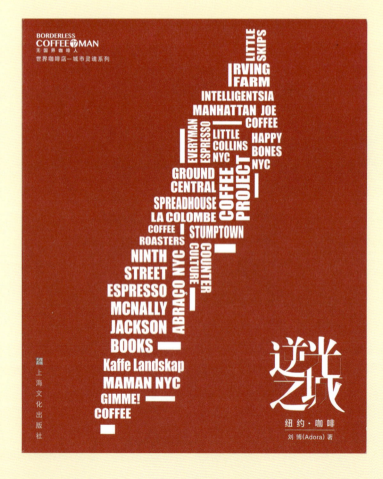

《咖啡新规则：55条超实用的百科小知识》

[美]乔丹·米歇尔曼　[美]扎卡里·卡尔森 著　黄俊豪 译

中信出版社　2021年1月出版

定价：49.80元

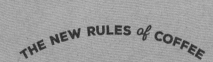

咖啡新规则

—— 55条超实用的百科小知识 ——

简明
咖啡辞典

JORDAN MICHELMAN
& ZACHARY CARLSEN

[美]乔丹·米歇尔曼　[美]扎卡里·卡尔森 著

黄俊豪 译

中信出版集团

《伤心咖啡馆之歌》

[美]卡森·麦卡勒斯 著　卢肖慧 译

上海译文出版社　2019年6月出版

定价：48.00元

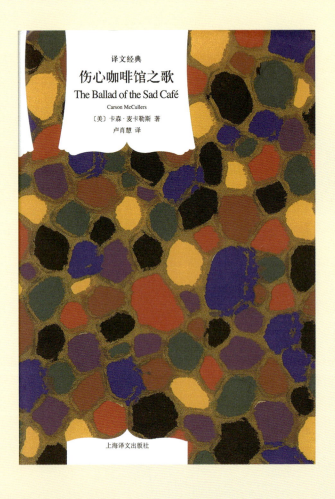

《左手咖啡，右手世界：一部咖啡的商业史》

[美] 马克·彭德格拉斯特 著　张瑞 译

机械工业出版社　2021年2月出版

定价：79.00元

左手咖啡，
右手世界

[美]
马克·彭德格拉斯特
Mark Pendergrast
——
著

张 瑞
——
译

一部咖啡的
商业史 UNCOMMON GROUNDS

The History of Coffee and
How It Transformed Our World

一颗咖啡豆穿越时空的故事
翻译成 15 种语言，享誉世界的咖啡名著

咖 啡
是生活
是品位
是文化
是历史

机械工业出版社
China Machine Press

《教父级精品咖啡圣经：气候变迁之下，从选豆
到萃取的全新赏味细节，掌握未来咖啡的品饮门道》

堀口俊英 著 黄薇嫔 译

幸福文化 2024年9月出版

定价：新台币560元

《啡尝日本：走访五大城市的精品咖啡散策指南，
体验咖啡甜点、空间选物的漫旅享受》

Chez Kuo 著

台湾东贩　2023年3月出版

定价：新台币480元

《京都 古民宅咖啡：
踏上古都记忆之旅的43家咖啡馆》

[日]川口叶子 著　连雪雅 译

健行文化　2023年2月出版

定价：新台币380元

《这杯咖啡的温度刚好》

张晓风 著

九歌出版社　2024年2月出版

定价：新台币280元

《陶锅炒豆学：机器烘豆无法取代的咖啡风味！》

潘佳霖 著

幸福文化 远足文化 2020年6月出版

定价：新台币399元

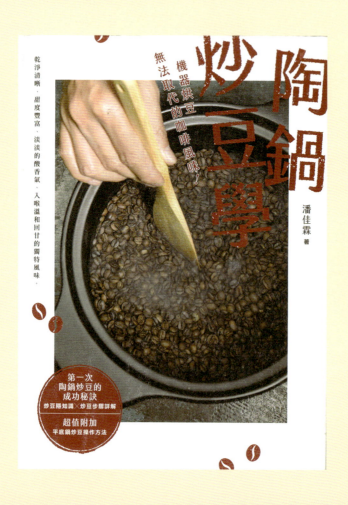

乾淨清晰．甜度豐富．淡淡的酸香氣．入喉溫和回甘的獨特風味。

無法取代的咖啡風味！機器烘豆

陶鍋炒豆學

潘佳霖 著

第一次
陶鍋炒豆的
成功秘訣
炒豆賜知識×炒豆步驟詳解
超值附加
平底鍋炒豆操作方法

《顶尖咖啡师给新手的入门读本：
成为咖啡行家 晋级咖啡达人》

小池美枝子 监修 谢佩芙 译

邦联文化 2021年3月出版

定价：新台币350元 港币109元

《东京古民宅咖啡：踏上时光之旅的40家咖啡馆》

川口叶子 著　连雪雅 译

健行文化　2021年2月出版

定价：新台币360元

《咖啡的一切：咖啡迷完全图解指南》

河宝淑 赵美罗 著　金学里 摄　高毓婷 译

奇光出版　2020年9月出版

定价：新台币400元

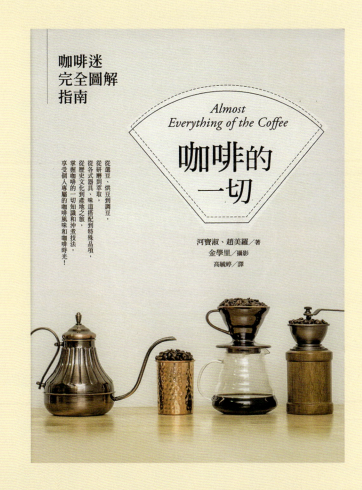

《世界咖啡之旅：全球顶尖咖啡体验鉴赏指南》

孤独星球（Lonely Plant）作者群 著

李天心　李姿莹　吴湘湄　陈依辰 译

晨星出版　2020年5月出版

定价：新台币550元

《满月猫咪咖啡店：真正的愿望》

望月麻衣 著　樱田千寻 画　邱香凝 译
春天出版　2022年7月出版
定价：新台币360元　港币120元

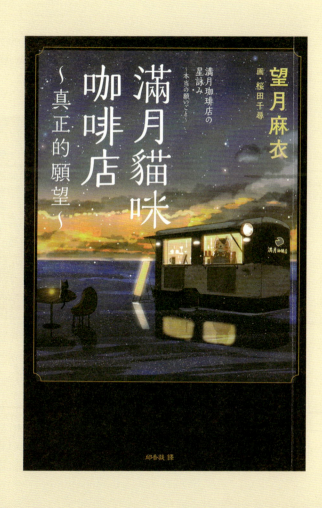

《设计师不传的私房秘技：咖啡馆空间设计500》

漂亮家居编辑部　著

麦浩斯　2025年2月出版

定价：新台币450元　港币150元

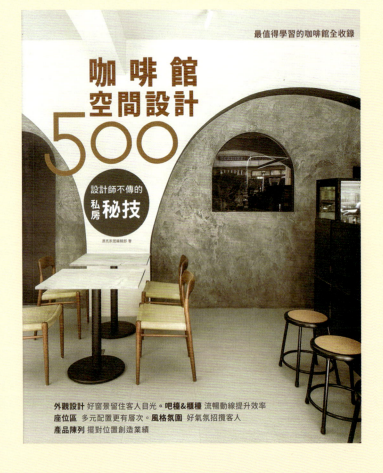

《完美咖啡的细节：从原豆履历、杯测口感、
烘焙研磨到冲煮萃取，每个环节都精准到位》

成美堂出版编辑部 著　骆香雅 译

方言文化　2018年3月出版

定价：新台币480元　港币160元

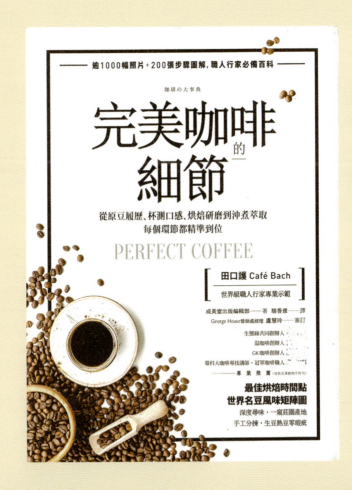

《泰国，芒果吃酸的，咖啡喝甜的！微笑国度的近距离文化观察》

姜立娟 著

创意市集 2017年3月出版

定价：新台币340元 港币113元

姜立娟◎著

微笑國度的近距離文化觀察

泰國，芒果吃酸的，咖啡喝甜的！

奇怪ㄟ
泰國人！

專文推薦
尼克曼谷達人「非常曼谷」版主
林宛澐半村半城遊牧雜誌總編輯

聯名推薦
林貝絲泰國旅遊達人／資深媒體人＆親子作家

觀察1曼谷人最愛吃的不是海鮮酸辣湯。觀察2潑水節只有外國人才瘋。觀察3泰國男性幾乎都嘗「短期出家」過。觀察4鬼片好恐怖？重點是他們拜什麼都不奇怪。觀察5天氣熱卻……

《咖啡机圣经3.0》

崔范洙 著　陈晓菁 译

四块玉文创　2016年9月出版

定价：新台币380元

《Coffee Note HongKong: 咖啡职人的爱与勇气》

谭聿芯 著/摄影

质人文化　2016年1月出版

定价：新台币430元

咖啡職人的愛與勇氣

《咖啡瘾史：
从衣索匹亚到欧洲，横跨八百年的咖啡文明史》

[美] 史都华・李・艾伦 著　简瑞宏 译

时报出版　2020年6月出版

定价：新台币320元

《咖啡馆专家规画的厨房菜单》

[日]富田佐奈荣 著　高詹灿　刘中仪 译

瑞升文化　2014年10月出版

定价：新台币280元

《品味·咖啡》

陈豪 著

万里机构　万里书店　2013年2月出版

定价：港币98元

《Das Kaffee Buch》

Anette Moldvaer 著

Dorling Kindersley Limited 2019年出版

定价：€16,95

《The ART of FERMENTATION》

Sandor Ellix Katz 著

Chelsea Green Publishing 2012年4月出版

定价: **$39.95 US $53.95 CAN £ 30**

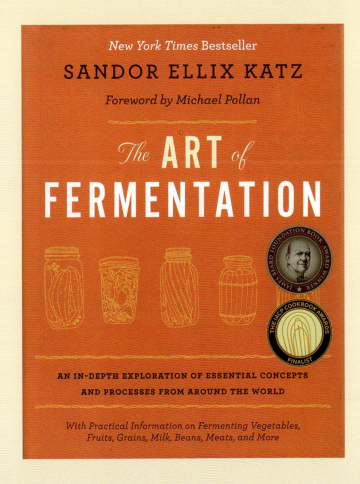

《ALPINE ELIXIRS: The Swiss Art of Quirky Cocktails, Cozy Coffees, Mouthwatering Milkshakes and More》

Andie Pilot 著

Bergli Books 2024年5月出版

定价：£16.99

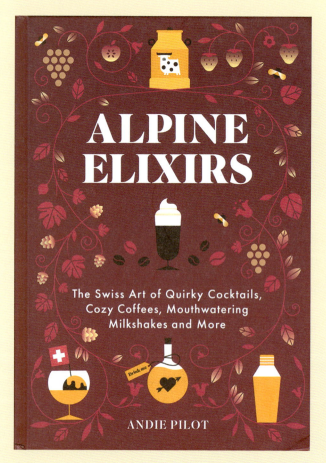

《CRAFT COFFEE: A MANUAL: brewing a better cup at home》

Jessica Easto with Andreas Willhoff

Agate Surrey 2017年出版

定价: $24.95 USD

《体に効くコーヒー》

东宫千鹤 编集

ブティック社　2024年3月出版

定价：1210円

《ぼくのコーヒー地図》

岡本仁 著

平凡社　2023年9月出版

定价：2420円

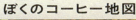

ぼくのコーヒー地図　　岡本 仁

コーヒー
ブレイクは
大切ですね

manincafeのIDで
インスタにコーヒーを飲む日々を
ポストする編集者
岡本仁によるコーヒー店案内。
日本全国58都市・166店を紹介。

エッセイ・ガイド　平凡社

《自宅で淹れるコーヒー最強ガイドブック 2024》

畠山薫 編集

晋游舎　2023年9月出版

定价：750円

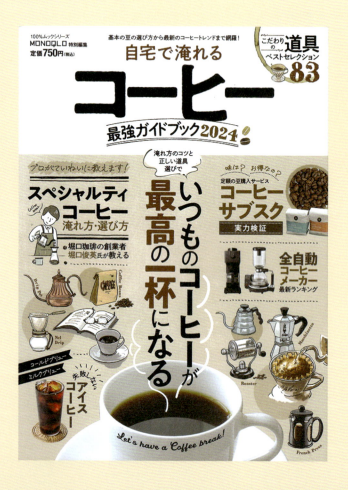

《COFFEE CREATIONS: 90 DELICIOUS
RECIPES FOR THE PERFECT CUP》

Celeste Wong 著
Mitchell Beazley-UK 2024年出版
定价: £18.99 UK $22.99 US $28.99 CAN

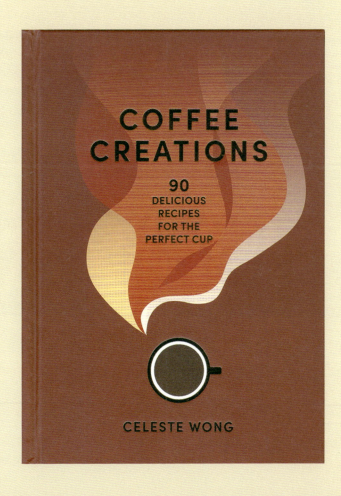

《LONELY PLANET'S GLOBAL COFFEE TOUR》

集合众多作者

Lonely Planet Global Limited　2018年5月出版

定价: $19.99 US　£14.99 UK

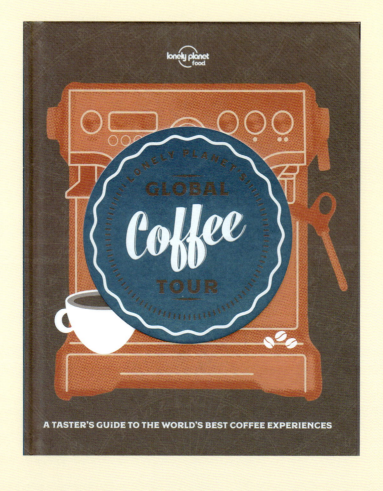

《COFFEE: A BOOK OF RECIPES》

Helen Sudell 主编

Lorenz Books 2013年出版

定价: £ 4.99 UK $7.99 US

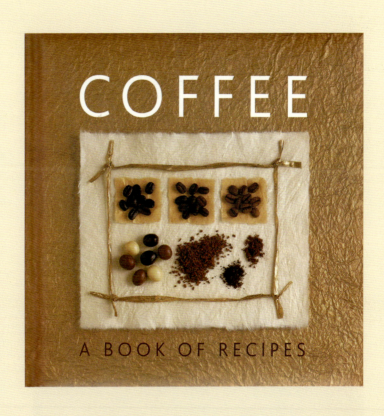

《INDEPENDENT COFFEE BOOK》

Alex Evans & Derek Lamberton 著

Victor Frankowski 摄影

Vespertine Press Ltd　2013年出版

定价：£10 UK

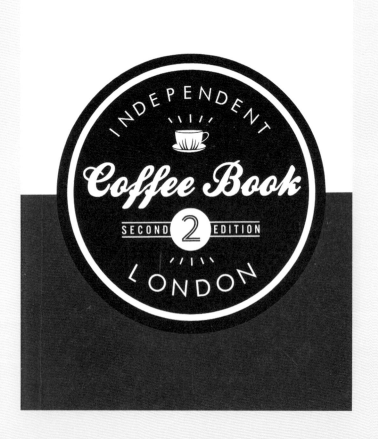

《不上班咖啡馆》

古典 著

四川文艺出版社　2024年7月出版

定价：59.80元

《大师级手冲咖啡学：选豆·烘焙·手冲·品饮》

[韩] 崔荣夏 著　石慧 译

中国轻工业出版社　2022年1月出版

定价：68.00元

《咖啡必修课》

[日] 晋游舍 编著　陆晨悦 译

华中科技大学出版社　2021年9月出版

定价：79.80元

《一杯一世界：世界著名咖啡店之旅》

[格鲁]安娜·萨尔黛兹 著　倪羽 译

江苏凤凰科学技术出版社　2021年1月出版

定价：68.00元

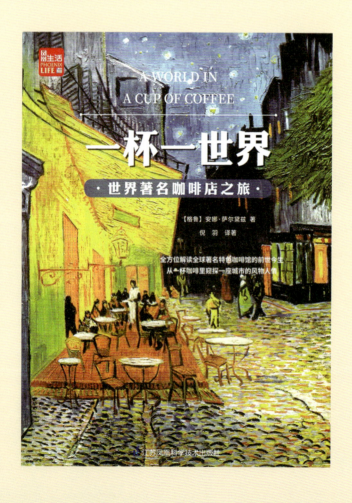

《日本建筑师带你 看懂世界魅力咖啡馆》

加藤匡毅 Puddle 著 陈令娴 译

原点出版 2022年1月出版

定价：新台币540元

《咖啡学人》

罗皓群（杰克）著　李隆恩 摄影

日日学文化　2020年9月出版

定价：新台币500元

《我的个人规模咖啡小店：不到10坪的店面，
　　　成为人气咖啡店的开业秘诀》

渡部和泉 著　刘蕙瑜 译
瑞升文化　2016年9月出版
定价：新台币320元

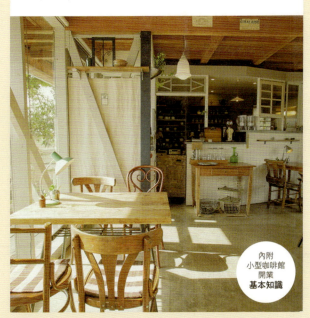

我的個人規模
咖啡小店

不到 10 坪的店面，成為人氣咖啡店的開業秘訣

渡部和泉　著
劉蕙瑜　譯

內附
小型咖啡館
開業
基本知識

《摩卡僧侣的咖啡炼金之旅：从也门到旧金山，
从烟硝之地到舌尖的醇厚之味，世界顶级咖啡
"摩卡港"的崛起传奇》

戴夫·艾格斯 著 洪慧芳 译

麦田出版 2020年9月出版

定价：新台币420元 港币140元

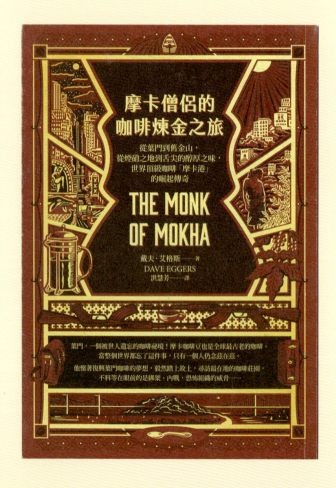

《A SHORT HISTORY OF COFFEE》

GORDON KERR 著

Oldcastle Books　2021年出版

定价：£12.99 UK

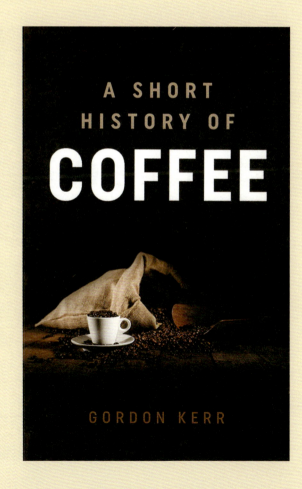

《给小朋友的咖啡书》

YSCC云南精品咖啡社群 著　武娇君 绘

浙江摄影出版社　2022年5月出版

定价：88.00元

《调饮基底 Cafe Base Menu 101》

申颂尔 著　丁睿俐 译

邦联文化　2024年9月出版

定价：新台币499元　港币156元

《我不管，我就是要开咖啡店：我浪漫的开了一家赚钱的咖啡店，十年功力，毫无保留告诉你》

童铃 著

大是文化　2024年8月出版

定价：新台币460元

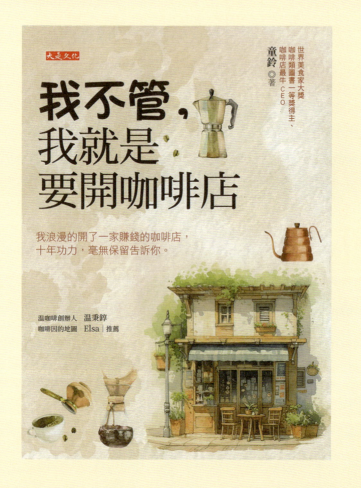

《为什么法国妈妈可以优雅喝咖啡，孩子不哭闹？
法国式教养，让父母好轻松，孩子好快乐！》

潘蜜拉·杜克曼 著　汪芃 译

平安文化　2012年12月出版

定价：新台币300元　港币100元

BRINGING UP BÉBÉ: ONE AMERICAN MOTHER DISCOVERS
THE WISDOM OF FRENCH PARENTING

為什麼法國媽媽
可以優雅喝咖啡，
孩子不哭鬧？

法國式教養，讓父母好輕鬆，孩子好快樂！

跟著法國媽媽重新認識妳的孩子，和妳自己！

連虎媽蔡美兒都佩服：真正令人大開眼界！
榮登亞馬遜書店、週日泰晤士報排行榜雙料暢銷冠軍！

【親子作家】林書煒、「一開始就不孤單」格主】洪淑青、【台法家庭的母親】徐玫怡
【親子作家】梁旅珠、【國立臺東大學幼兒教育學系系主任】陳淑芳 讚嘆推薦！（依姓名筆劃序排列）

《咖啡香味的科学：从烘焙萃取到原豆调和，
全面揭开咖啡风味的秘密》

崔洛堰 著　谢雅玉 译
方言文化　2017年4月出版
定价：新台币520元

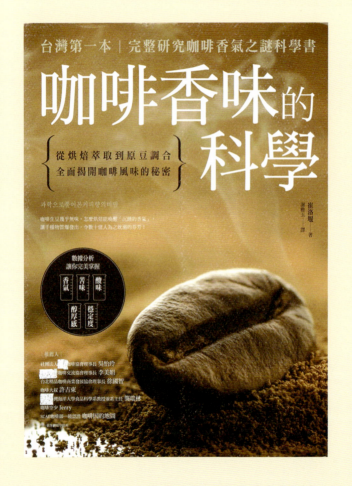

《手冲咖啡的第一本书：
达人私传秘技！新手不失败指南》

郭维平 著

朱雀文化　2016年2月出版

定价：新台币299元

《 **最速** でマスターできるラテアート Book 》

马场健太 著

KADOKAWA　2023年3月出版

定价：1650円

汪耀华 主编

上海近现代咖啡广告选录

咖啡广告

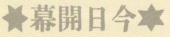

上海三联书店

咖啡在上海的往事

文 / 汪耀华

咖啡，原产自非洲的阿比西尼亚（今埃塞俄比亚），由阿拉伯人和土耳其人传入欧洲，1652年，伦敦出现了欧洲第一个咖啡馆。

1819年马礼逊编纂《华英字典》中，"咖啡"成为coffee的译名。1833年传教士郭士立（郭实腊）主编《东西洋考每月统记传》中亦出现"咖啡"译名。

1844年，咖啡豆现身上海。英国伦敦图书馆收藏有道光二十三年至二十四年（1843—1844）间上海进口商品的原始文献和记录。

1846年，英国商人阿斯脱豪夫•礼查（Richard）在英租界与上海县城之间，即现在的金陵东路外滩附近，建了一座以他名字命名的旅馆，名为礼查饭店（Richard's Hotel and Restaurant）。

1853年，英国人莱维林将咖啡带入上海的时候，在花园弄（今南京东路）的老德记药店出售，当时上海人称咖啡为"咳嗽药水"。

1856年，苏州河上韦尔斯桥建成，1957年礼查以极其低廉的价格买下桥北侧河边的一块荒地，在此建造了一座东印度风格的二层砖木结构楼房，将礼查饭店迁至此。

1866年，上海第一家咖啡馆"虹口咖啡馆"开业，主要对外籍

航海人员开放。那里不仅供应咖啡，还出售各式啤酒。

20世纪20年代至30年代，俄侨在居住的霞飞路（今淮海路）一带，开设了很多咖啡馆，如特卡琴科、DDS、文艺复兴、君士但丁、巴尔干等。这些咖啡馆不仅提供咖啡，还有道地的罗宋汤，女招待都是金发碧眼的白俄少女，室内布置有着浓郁的欧洲情调。

1933年起，上海接纳了3万多名自德国和德占区的犹太难民，其中大部分犹太人居住于虹口一带，他们建有自己的包括维也纳式的咖啡馆，如勃罗门乃登咖啡室、胜利咖啡馆、白马咖啡馆等，使得虹口俨然成为一个具有德国和奥地利风情的社区。

"八一三"事变之后，寓居上海的日本侨民达到近十万人，他们之中的下层民众大多聚在虹口和闸北一带，从事饮食、服务等行业，当时的北四川路之所以被称为"神秘之街"，是因为这些日本咖啡馆里的女招待还兼卖春妇。

到了20世纪40年代后期，咖啡开始真正进入上海百姓的日常生活中，露天咖啡摊在上海街头大量出现。这与抗战胜利后美国军用品大量输入有关，价廉的咖啡、牛奶、果酱、吐司使得普通人也能喝得起咖啡。咖啡也就成了上海人的一种生活时尚。

......

关于报纸刊载咖啡馆的广告，最早为1906年刊登于《新闻报》上的"宝利咖啡店"一则：

本号开设福州路老巡捕房斜对门，系仿泰西咖啡店之式，专售咖啡及冰忌令，并备各色点心各色糖果，如大马路宝德之式，装潢之华丽，制造之精工，在英国伦敦、美国纽约、法国巴黎亦不数数观也。兹定本月念六开张，仕商赐顾，方知不谬。

主人谨启

　　本书所刊"上海近现代咖啡广告选录"100幅，来自《新闻报》《申报》《新影坛》《万象》《晶报》《中央日报》《上海时报》《东方日报》《上海影坛》《时事新报》《铁报》《亦报》《海报》《社会日报》《大美周报》《明星画报》《神州日报》《盛京时报》《江苏民报》《大公报（天津）》等二十多家报刊。这些报刊大多出自上海，最多的是《申报》有27幅广告，其次是《新闻报》，有26幅广告。

　　这些广告发布时段为1919年到1949年三十一年期间，最早的是《申报》1919年12月9日刊登的"巴西咖啡茶广告"，最近的是1949年3月14日《申报》刊发的"ABC咖啡"。

　　这些咖啡广告，我们大体可发现下列特点：

　　1、咖啡馆广告居多，向公众告知咖啡馆/餐馆主营咖啡、冰淇淋（冰忌令）、西点或者糖果等，同时标有详细地址。从地址看，上海霞飞路（今淮海中路）、南京路、西藏中路、北四川路（今四川北路）等街区，聚集了一定规模的知名或特色咖啡馆。

突出"中西结合"的消费场景，通过附加商品（如点心、糖果等）提升盈利空间，反映当时咖啡馆已注重多元化经营。

2. 咖啡品牌加营销，众多广告中出现的咖啡产品不仅有常见的咖啡粉、咖啡豆，还有咖啡霜、咖啡糖、咖啡汁、咖啡茶、咖啡糖浆等多种形态，满足不同消费者的需求和消费场景。

3. 强调品质与功效，广告突出咖啡的品质，如选用优质咖啡豆、采用独特烘焙工艺等，还会强调其提神醒脑、助消化等功效，吸引消费者购买。广告中常常将咖啡与时尚、优雅的生活方式联系在一起，通过描绘咖啡与社交、休闲等场景，引导消费者追求这种西方的现代生活方式，吸引顾客前来享受舒适的消费环境。

4. 延伸触角和时尚，除了咖啡，咖啡馆还会提供其他饮品和食品，如红茶、汽水、冰淇淋、西点、糖果等，以满足不同顾客的口味需求。同时，部分咖啡馆还提供娱乐服务，如京剧、南乐表演、歌舞助兴、爵士音乐演奏等，甚至有的还附设游船出租、滑冰场等设施，增加顾客的消费体验。

突出社交与文化功能，咖啡馆在广告中常常被描绘成社交、聚会、商务洽谈的好去处，吸引各界人士前来。同时，一些咖啡馆也成为文化交流的场所，如文人墨客聚集的咖啡馆，也会举办各种文化活动、讲座等，吸引知识分子和文化爱好者。

广告，是招徕顾客的一种方式。咖啡广告在上海近现代发布的数

量之多、品种之丰，其实也反映了当时的社会、经济乃至人们心情的变化。当我们现在通过阅读那些留存下来的广告，对于了解那时的生活也不失为一种记载、一种文本。

（感谢孙莺女士、陈祖恩先生、张晓玲女士的鼓励）

咖啡

在上海的往事

汪耀华 2-6

咖啡广告：

上海近现代

咖啡广告选录

目　录

001-100

霞飛路
華龍路

巴黎大戲院內

館啡咖黎巴

價廉別特 界各待優 業營夜日 起日二月二

二專售

英法俄柰
精美茶點
各色酒品
並於星期六

雅藉跳供
興助舞客

咖啡广告

巴黎咖啡馆，《申报》1930年2月4日

001

喝了身體很好

合格咖啡

普通咖啡同種提牌的飲料。都與身體無益。

天天喝的。因覺他沒有咖啡精的毒質。他的香氣溫和滋味。非常之好。喝氣過一回。回回非喝不可。各大食物店均有出售。

（六）

REAL COFFEE WITHOUT CAFFEINE

H.A.G. COFFEE

KAFFEE-HANDELS-AKT. GES. BREMEN

商遂 美最時洋行

中國總經理

H.A.G. COFFEE

合格咖啡
究竟有什麼好處

德國著名化學家所製
原不用著名化學家所製
超過的咖啡製
人用了合臟心
年以咽了合臟心
郎了臨睡眠了
以嗜了多臟成
各大食物店均有出售
中國總經理
（四）

美最時洋行

REAL COFFEE
WITHOUT
CAFFEINE

H.A.G.
COFFEE

KAFFEE · HANDELS
AKT. GES. BREMEN

H.A.G. COFFEE

咖啡广告　　　　合格咖啡，《申报》1931年3月1日

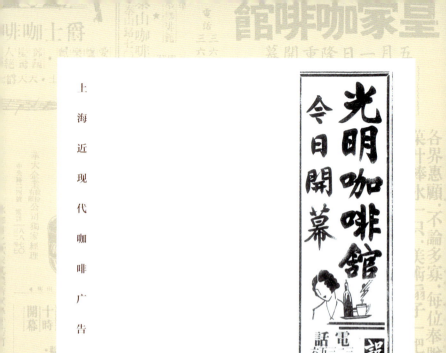

咖啡广告

光明咖啡馆，《申报》1934年1月17日

咖啡广告

美和咖啡，《申报》1939年2月27日

一美和「咖啡」，十分精選之味其無比。新鮮香醇無異初烘，因其封裝於真空罐「聽」之中，氣味永不外洩故也。

(2)

咖啡广告　　蓝买司干咖啡，《申报》1940年3月16日

上 海 近 现 代 咖 啡 广 告 选 录

咖啡广告

美和咖啡，《申报》1941年1月7日

咖啡广告　　美和咖啡，《申报》1941年3月17日

咖啡业之权威

高尚人仕食府

派克咖啡馆

今日开幕

建筑华贵 设备新颖

特请 沪上 首席 名师

精煮 欧美 各式 大菜

雅座舒适 招待周到

华龙路七三号法国公园门口 电话 八一四四转

咖啡广告　派克咖啡馆，《申报》1941年7月19日

上海近现代咖啡广告选录

咖啡广告

静安咖啡馆，《申报》1942年5月20日

013

咖啡广告

皇家咖啡馆，《申报》1943年5月1日

咖啡权威 烹调权威

今日起

最阔范大

绝顶豪华

添购早点大菜

敝馆因各界人仕之需要「今日起」特聘超等厨师精製各式美點，烹调欧式大菜選料均求上乘新鲜衛生有美皆備

静安寺路八七八號（麥特赫司脫路東）電話……三六八六五 三六九九二

皇家咖啡館

- 上特色午糕美 早點 午午快 客菜 午晚賢 大菜 可口 宴會 親友 清早 光臨

咖啡广告

ABC咖啡，《申报》1944年2月17日

華府飯店

應有設備
無不畢具

咖啡茶座

鍾萍小姐歌唱
海立笙君樂隊

電話七四〇八八
泰山路六三六

咖啡广告　华府饭店咖啡茶座，《申报》1944年2月20日

咖啡广告

ABC咖啡，《申报》1944年2月24日

色香味美 科學焙製

饋贈親友

最為適宜

發行所 德勝咖啡進口行

靜安寺路一四七二號

各大公司洋酒食物號均售

咖啡广告

C. P. C 咖啡，《申报》1944年2月29日

C. P. C. Coffee

新都飯店
東亞茶室
大東茶室
時懋飯店
金門大飯店
女王文飯店
沙利重天總分店
MARS
七重天分店
國際大飯店

精美咖啡館皇后咖啡館
皇家咖啡館大中華咖啡館

本外埠各場
大公司食物號
聯合出售
CPC咖啡

C. P. C. Coffee

靜安咖啡館蕾蕾咖啡館
爵士咖啡館泰利咖啡館

上海高等
大飯店咖啡館
聯合採用
CPC咖啡

冠樂大飯店
南國酒家
榮華酒家
康樂酒樓
紅州大酒店
廣康大飯店
榮中飯店
祥生飯店
入仙橋青年會

新香遠金麗
容不隴樂港東西飯
後及福酒酒家
再稱有家家大西
列獻限
襄金像
各絲羅多
利老新
大正西
飯興榮
店館社店

C. P. C. Coffee

咖啡广告

C. P. C咖啡，《申报》1944年8月6日

上　海　近　现　代　咖　啡　广　告　选　录

咖啡广告

C. P. C咖啡，《申报》1945年3月31日

上海近现代咖啡广告选录

咖啡广告 圣太乐、萝蔓老正兴、爵士咖啡馆、泰山咖啡馆
《申报》1945年11月26日

養心安神

合格咖啡。喝了可以養心安神。因為牠的咖味精心玄妙。因為牠的咖味已經用工．H．A．G秘法渥。純粹是味咖都的提拿了。他比普通的咖味香氣滋味和提咖功效。中國總經理

德商 美最時洋行

有刺激性的飲料。多喝了每每心跳或神經受影響。但咖味也是其中之一。但是涎有

H．A．G．COFFEE

不要怕！
再喝一杯

這是合格咖啡。
他沒有咖啡料了
不傷心臟。喝
臨睡呷一杯濃的
。就是
合格咖啡。決可
安眠。不怕睡不
所以勞心的人都熟
愛喝合格咖啡。
帝大食物公司有出品
（五）

REAL COFFEE
WITHOUT
CAFFEINE

H.A.G.
COFFEE

KAFFEE · HANDELS
AKT. G. & S. BREMEN

H.A.G. COFFEE

中國總經理
美最時洋行
K.®

上 海 近 现 代 咖 啡 广 告 选 录

咖啡广告

合格咖啡
《大公报（天津）》1931年3月7日

咖啡广告　　七重天咖啡馆，《大公报》1949年6月2日

上 海 近 现 代 咖 啡 广 告 选 录

咖啡广告

合格咖啡
《新闻报》1926年5月9日
《新闻报》1931年3月1日

同利五角之咖啡 咖啡館新增八角美物廉价菜西
专供各行员午膳之用
地址河南路十一号即熙德里分店旧址
电话一九五〇二号

咖啡广告

同利咖啡馆
《新闻报本埠附刊》1928年7月7日

復興咖啡館

（CAFE RENAISSANCE）

霞飛路五百四十五號　電話三五七九八

新闢跳舞場　各種今古跳舞

特別音樂　由樂工杜迪爾領班

每禮拜日下午五點半至七點

半開茶舞會　飲饌最精　名酒

俱全　服侍周到　每夜九時起

至一時止

Pj1161

咖啡广告　　　　美度咖啡馆，《新闻报》1930年9月28日

咖啡广告

新開

小小咖啡館

今日開幕大贈品七天

各界惠顧·不論多寡·每位奉贈……美女牌

菜汁棒冰一只·美術扇子一把

高等中西大菜　各種三明治茶點　美國咖啡

各色冷飲　美女牌冰結蓮

本館地點適中交通便利裝璜富麗招待週到茲值開幕伊

始女牌菓汁棒冰一只美術扇子一把一舉三得何樂不為

美女牌菓汁棒冰一只美術扇子一把一舉三得何樂不為

如蒙惠顧無任歡迎

▲電話通知立刻送到▲

地址雲南路四馬路口　電話九五五八五

咖啡广告

小小咖啡馆
《新闻报本埠附刊》1934年6月17日

CAFE FEDERAL

飛達

咖啡二

静安寺路一一九九號

精美茶點　精緻酒飯

上等德國式食品

大菜

每客洋二元

咖啡广告

飞达咖啡馆
《新闻报本埠附刊》1934年12月22日

我常到此，因為此地是用的「美和」咖啡餐衆飲之很為滿意

精明之人。進餐既畢。咸樂有一杯美味咖啡。則肴饌雖美。而劣等咖啡，終覺令人掃興。

請用「美和」咖啡使老饕家滿意。因其封藏於眞空藍「罐」之中。美味永存。香氣不洩。品質新鮮。與新焙者無異

● 美和咖啡

美和製

(七)

VITA-FRESH
MAXWELL HOUSE Coffee

今晚宴客
都說吾家
咖啡好

告訴你秘訣
吧，我用的
「美和」咖啡
！

「美和」咖啡，具有
上等咖啡所必備之
一切品質。其味豐
厚悅口。裝於真空
「聽」中。新鮮無異
初焙。購時
務請認明藍
「聽」。洋雜
貨店均有出
售。

VITA-FRESH
MAXWELL
HOUSE
COFFEE
HIGH GRADE

美和
咖啡

美和出品

咖啡广告

美和咖啡，《新闻报》1936年3月12日

VICTORIA CAFE

中歐飯店

大酒
菜吧
間間

屋宇寬敞
空氣清新
裝璜富麗
留座位舒適
精心烹製專家
清晨午後
精美茶點

特設八角經濟菜
午餐一元二角五
晚餐一元七角半
為優待顧客起見
特發售九折優待券

址：南京路一二九號（江西路西）
電話：一三六四九轉

咖啡广告

VICTORIA CAFE中欧饭店
《新闻报》1939年7月25日

南京咖啡館

★ 今日開幕 ★

■■ 請由新華舞廳大門出入 ■■

本館不惜重金聘
請著名技師精製
各色蛋糕歐美點
菜及牛奶咖啡各
種冷飲洋酒並兼
售糖菓等類座位
無多荷請各界
仕女早臨為盼
本館主人謹啟

電話
八五五四一號

愛多亞路南京大戲院隔壁新華舞廳內

咖啡广告　　　　南京咖啡馆，《新闻报》1940年2月1日

最高乐府

雲裳咖啡室

（一時開始名樂伴奏●香茗咖啡購券免費）

（名貴滑稽輪流表演●搖獎贈送上等玩具）

●紅星基站●

咖啡广告　　云裳咖啡室，《新闻报》1941年2月14日

雲裳咖啡室

一時開始

名貴表演 董妮

賙送飛機

歌唱

免費贈券

咖啡香茗

咖啡广告

云裳咖啡室，《新闻报》1941年2月24日

上海近现代咖啡广告选录

咖啡广告

云裳咖啡室，《新闻报》1941年3月13日

咖啡广告　　立德尔咖啡室，《新闻报》1941年3月13日

咖啡广告　　梅陇镇咖啡馆，《新闻报》1941年3月13日

咖啡广告 金谷饭店咖啡馆，《新闻报》1941年5月21日

咖啡广告　金谷饭店咖啡馆，《新闻报》1941年6月28日

咖啡广告

皇后咖啡馆，《新闻报》1942年8月15日

上海近现代咖啡广告选录

咖啡广告

百乐门咖啡茶座，《新闻报》1943年3月10日

神秘高貴幽雅……

上海別樹一幟……

葉子咖啡舘

福煦路麗華大戲院对面

鴛鴦座

神秘的佈置！

有典徑通幽之妙！

幽揚的音樂！

無喧擾吵雜之煩！

是談情說愛的聖地！

咖啡广告

叶子咖啡馆，《新闻报》1943年6月27日

康明咖啡
今日開幕

◀咖啡業中超特出品▶

色香味美倫銷著發天五
可口絕推卓批蔑別
薄利香別用發
信用薄利
另蔓批發
犧牲五天

發行所‥派克路八十二號
康明咖啡批發所
電話‥九〇九一〇

咖啡广告　三星咖啡制糖厂，《新闻报》1946年7月14日

上 海 近 现 代 咖 啡 广 告 选 录

咖啡广告

ABC咖啡茶，《新申报》1919年12月9日

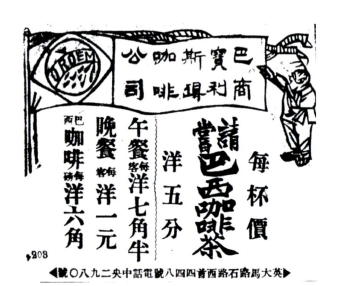

上 海 近 现 代 咖 啡 广 告 选 录

咖啡广告　OROEM咖啡馆，《中央日报》1932年2月14日

上海近现代咖啡广告选录

咖啡广告

汤白林咖啡馆
《电影月刊》1932年第14期

ORIENTAL CAFE

亞禮益飯店

冰淇淋特價每客一角半至五角

本飯店內部佈置，清潔衛生，涼台四週，空氣充足，坐位寬舒，雖在夏令，亦極涼爽，各色西餐，完全歐化，調味適口，清香而有風味，敬請各界，惠臨試嘗，

午餐（七角）一葷盤一湯一菜一咖啡

晚餐（九角）一葷盤一湯二菜一咖啡一點心或飯

特餐（一元二角）一水菓考克推爾一特色葷盤一點心或飯一新鮮水菓一咖啡純奶油

兼備羅頭等特餐每客大洋三元白塔而吉根炒八色素菜一元二角五分

店址法租界聖母院路霞飛路北一四四至一四六號

電話七二六七一號

咖啡广告

ORIENTAL CAFE 亚礼益饭店
《晶报》1933年8月5日

053

咖啡广告

森永咖啡糖，《盛京时报》1933年5月5日

洋雜貨店均有出售

美國製

美和「咖啡」

珍饈美饌，慇懃放客。設所進咖啡不佳，將必令客掃興。欲使賓客充分滿意，宜用「美和」咖啡。「美和」咖啡，氣香味濃、助興提神、悦口舒心、餘味無窮。凡愛飲咖啡者，莫不嗜之。

味道真好……又鮮、又濃厚。

必定是特別配製的吧，才有這美味。

其秘訣在乎磨研得好，是不是？

這是「美和」咖啡，各位所說都對！

咖啡广告　　美和咖啡，《中央日报》1937年3月8日

三角半餐

南京路冠生園樓下咖啡室為供應各界需要特於每日上午十一時至下午一時半添製一種經濟午餐有「白脫」「麵包」「湯和飯菜」並「牛奶咖啡」足供一人之需(「湯和飯菜」每日更換)每客僅售三角半一無額外可調經濟美味兼而有之

CAFE—CONFECTIONERY

D. D's

The Most Delightful Places
In Town

For Tea! Delicious Candies.
Cooling System For Comfort

815 Ave. Joffre, 319 Szechuen Road
& 159 Route de Say Zoong

704 A. 10

上 海 近 现 代 咖 啡 广 告 选 录

咖啡广告

D. D'S咖啡馆
The China Press 1937年6月11日

上
海
近
现
代
咖
啡
广
告
选
录

特快午餐

……經濟實惠

每天準備

·每客二元·

特備

喜事蛋糕

誕辰糕

光明咖啡館

名廚烹飪

靜安寺路

二六二至三〇

電話

三二五六

招待週到

咖啡广告　　光明咖啡馆，《大美周报》1940年11月3日

籌備三月　設備週全

一　實現高尚
一　人仕業餘
一　消遣勝地

今天開幕　營業

米高美交際咖啡館

營業時間　每日午後一時起始

不備舞伴　清倌惜侶　幽雅樂隊　悅耳勤聽

洽處　卡爾登路四七號

咖啡广告

米高美交际咖啡馆
《社会日报》1941年2月15日

061

今天開幕！

各國名茶

伊奈美珈琲舘

▲北火車站對面▼

上海寶山路五五號

電話（二）三六九六

咖啡广告　伊奈美咖啡馆，《上海时报》1941年3月25日

今日開業！

現代的室內裝飾！

音樂的殿堂！

白鳥珈琲店

爲一高尚之社交場所必請一往！！

上海老靶子路二七九號

北四川路口

咖啡广告

白鸟咖啡店，《上海时报》1941年9月8日

CAFE
Bi — Ba — Bo

地址‥霞飛路 1743 號汶林路口

本處備有精美午餐及晚餐爲歐

洲著名廚師所製其味遠勝其他飯

店而價格之低廉尤足稱道

本咖啡館並備有各式冷飲及精

美點心蓋附近地區清潔異常傍晚

偕侶散步至本處稍進冷飲亦人間

樂事也

讀者諸君請來一試當知所言之

非虛

家鎮

館 啡 咖 美 精

精美大菜
特別豐盛
洋房咖啡
自製西點

裝置富麗座位舒適
新老吃客人人贊美

揚州點心
做出牌子

特製
燴麵包子
春卷鬆餅

電話：三九四〇九　四一三〇九
地址：英華街大五旅館東念號面館

咖啡广告 精美咖啡馆，《明星画报》1943年第1卷第3期

咖啡广告　　大中华咖啡馆，《东方日报》1943年6月7日

大上海咖啡室

各種冷飲 咖啡茶點

清潔雅座 招待週到

西藏路五百號大上海大戲院樓上

電話九○二五八號

光明咖啡館

特式茶點隨時俱備

午餐大菜美味可口

專接定做喜慶蛋糕

精製各種巧克力糖果

地址 上海靜安寺路二三六、三○號 電話三三三五六號

上 海 近 現 代 咖 啡 广 告 选 录

咖啡广告

光明咖啡馆、大上海咖啡室
《东方日报》1943年9月12日

咖啡广告　香港酒家咖啡茶座，《力报》1944年2月17日

上 海 近 现 代 咖 啡 广 告 选 录

咖啡广告 ABC咖啡，《新影坛》1944年第3卷第1期

行口進啡咖勝德

上海靜安寺路一四七二號
電話 三八六四一號

| 清 | 神 | 醒 | 腦 |
| 潤 | 肺 | 健 | 脾 |

C.P.C. 咖啡
· 香味芬芳 · 品質高超 ·

伉儷進飲
C.P.C. 冰咖啡

情甜意蜜！
別有風味！

各大食物號均有出售
各大公司洋酒店

C.P.C.
coffee

咖啡广告

德胜咖啡进口行
《上海影坛》1944年第1卷第10期

上 海 近 现 代 咖 啡 广 告 选 录

咖啡广告

萝蕾咖啡馆，《海报》1944年11月11日

咖啡广告

高乐鹦鹉厅·音乐咖啡茶座
《海报》1945年2月24日

上 海 近 现 代 咖 啡 广 告 选 录

咖啡广告　　　东亚咖啡茶室，《海报》1945年3月25日

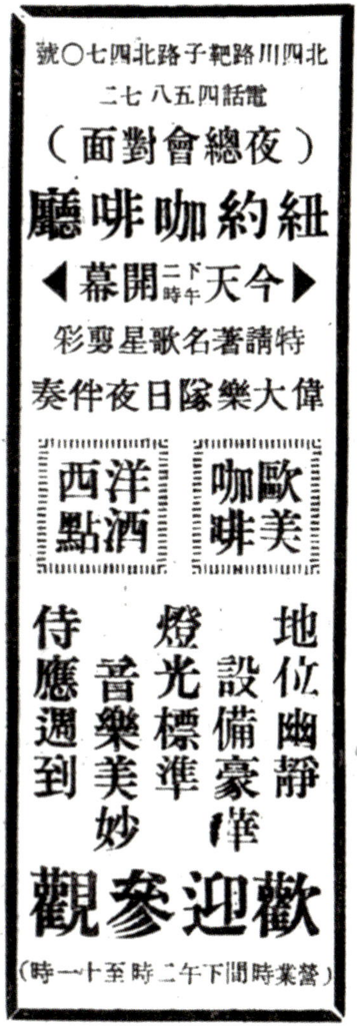

北四川路靶子路北四路四七○號

電話四五八二七

（夜總會對面）

紐約咖啡廳

◀今天下午二時開幕▶

特請著名歌星剪彩

偉大樂隊日夜伴奏

歐美咖啡　西洋酒點

地位幽靜

設備豪華

燈光標準

音樂美妙

侍應週到

歡迎參觀

（營業時間下午二時至十一時）

咖啡广告　纽约咖啡厅，《神州日报》1945年11月24日

咖啡广告 四姊妹咖啡乐府，《民国日报》1946年2月15日

C.P.C.

包麭 啡咖

到 有
處 售

C.P.C. BREAD

C.P.C. Coffee

行口進啡咖勝德
號二七四一路寺安靜海上
一四八六三話電

上 海 近 现 代 咖 啡 广 告 选 录

咖啡广告　德胜咖啡进口行，《时事新报》1946年5月12日

上 海 近 现 代 咖 啡 广 告 选 录

咖啡广告　　金谷咖啡室，《江苏民报》1948年2月18日

——時六至時二午下・時二十至時九午上間時開——

晨午咖啡茶座

清茶每客五萬元・咖啡每客二萬五千元
早餐每客六萬元　午餐每客十萬元

選菜　華　　第　新
料　　　　　一　鮮

百達飯店

（面對行銀南中）號七・路口漢

弟弟斯咖啡馆
咖啡馆
·淮海中路·

悦耳音乐★开放唱片

龙井清茶 3500
鲜牛奶 4000
超级咖啡 5000
奶油蛋糕 4500
奶油泡夫 4000
哈腌渍札 4000
白脱蛋糕 1500
香草冰淇淋 4500
奶油巧克力 7000
奶油冷咖啡 6000
奶油水菓色拉 7000

·备有精美甜咸西点·
·灯光幽静·怡神舒适·

·电购即送·
奶油蛋糕
各色糖果
一九律折

71609

上 海 近 现 代 咖 啡 广 告 选 录

咖啡广告

弟弟斯咖啡馆，《亦报》1952年6月8日

RUSSIAN DINNER

for a change?

TEDDY and FERRY GUZZA
(Entertainers de Luxe)

E. D. ONSCHIK, Violinist

815 Avenue Joffre   Telephone 71609

上 海 近 现 代 咖 啡 广 告 选 录

咖啡广告

弟弟斯咖啡馆
《上海的法国人1849—1949》
上海辞书出版社2014年出版

081

上 海 近 现 代 咖 啡 广 告 选 录

咖啡广告

上海咖啡

咖啡广告

新都饭店

静安寺路八七八号
（近麦特赫司脱路口）
咖啡权威

皇家咖啡馆

装璜富丽·全沪独一

坐位舒适·地點幽静

適應各界需要
◉聘請名廚◉
◀添◉關▶
歐式
大菜
名廚烹調
味美適口
高貴食府
此舍莫及

●密切注意●
即將開幕
●電話 三六九六八五二●

皇家咖啡馆

咖啡广告

上海近现代咖啡广告选录

咖啡广告

皇后咖啡馆

静安咖啡馆

静安寺路贴近张园

特聘名厨
烹调适合
国人口味
座位舒适
高尚西崽
待应週到

上等特快午餐 每客十元

湯 宋羅
魚 桂汁白
鷄 嫩炸
茄反 國德
荳刀 炒
四克油斷
啡咖

特备 美國 MAX WELL 咖啡
洋房牌
色香味特佳敬請嘗試

精美大菜 每客十八元

盤菓色各
湯笋蘆蛋鷄油奶
四沙太太蝦明炸
菜各腿火燜
鷄春排鐵
茄反煎·片茄反
淋冰草香
啡咖油奶

歐美名酒冷熱飲品各式西點無不美備

精美咖啡馆

咖啡广告

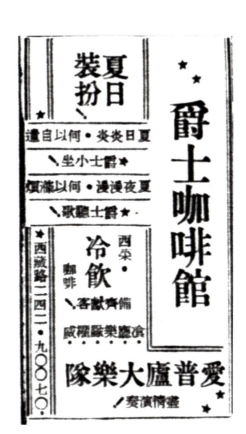

咖啡广告

泰山咖啡馆

泰利咖啡室

冷氣開放　涼爽舒適

請來一試　方知不謬

靜安寺路一〇六九號（戈登路斜對面）

電話　三五〇五〇

瘦西湖

定價低廉
招待週到

川揚名菜‧揚州點心
咖啡茶座‧奶油西點

日夜伴奏音樂流行歌曲
每座慶各六十八

夜奏唱

電話
三八六八
七二三六
八一二四

上 海 近 现 代 咖 啡 广 告 选 录

咖啡广告

瘦西湖

時懋飯店

音樂　茶座　咖啡　夜座

每日三時起　八時起

高級　西餐　中菜小吃

中午開始營業

黄薇音　紫影出租

沈小鶯　九齡童

主唱　客串　禮堂

西藏路三七七

咖啡广告

赛维纳咖啡

上海近现代咖啡广告选录

咖啡广告

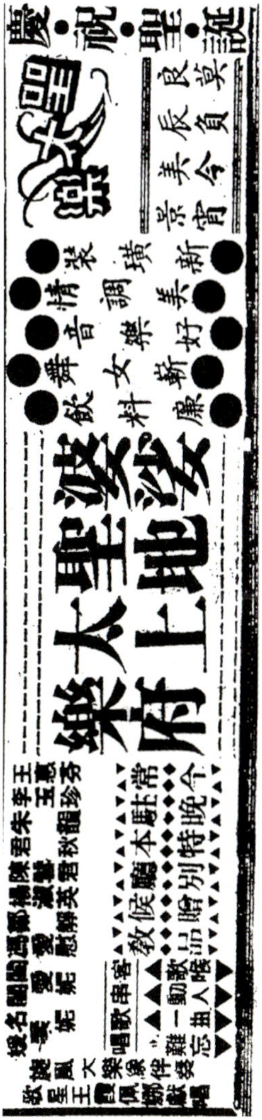

圣太乐

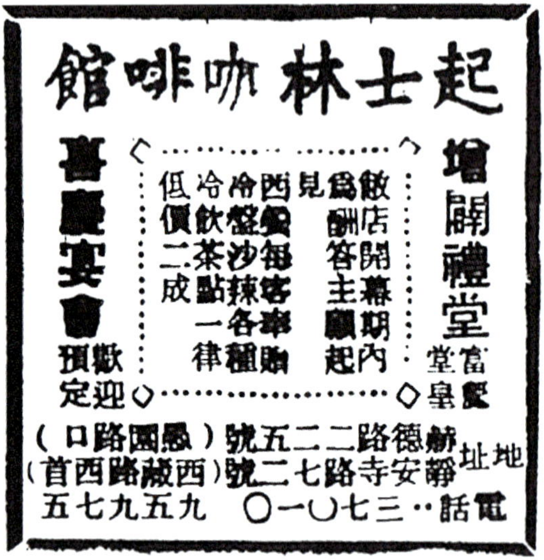
起士林咖啡館
增闢禮堂
富麗堂皇
敝店開幕期內
為酬答主顧起見
西餐每客奉贈
冷盤沙辣各種
冷飲茶點一律
低價二成
喜慶宴會
歡迎預定
地址
赫德路二二五號（愚園路口）
靜安寺路七二二號（西藏路西首）
電話‥三七〇一〇　九五九七五

咖啡广告

起士林咖啡馆

利多偉
宮啡咖

日夜花園

大大

傘洋亭凉

驕陽不歡非常風凉
限價啤酒大量供飲

泰山路(舊霞飛路)一○○二號
偉達飯店對面

電話七三○四一 七七九九八

永安新厦七楼

七重天

永安花园咖啡室

花園大餐座
茅亭咖啡座
露天冷飲座

室內茶座
露天茶座

高尚樂隊助興

● 營業時間 ●
每日下午二時起

咖啡广告

永安花园咖啡室

上 海 近 现 代 咖 啡 广 告 选 录

咖啡广告

萝蕾咖啡馆

上 海 近 现 代 咖 啡 广 告 选 录

咖啡广告

立德尔国际咖啡厅

咖啡广告

上海电力公司"请用咖啡壶"